DE
LA STATISTIQUE

ET DE SON APPLICATION

A LA RECHERCHE DES FAITS SOCIAUX

PAR

M. ERNEST BERTRAND

JUGE D'INSTRUCTION AU TRIBUNAL CIVIL DE LA SEINE
MEMBRE DE PLUSIEURS SOCIÉTÉS SAVANTES.

(Extrait du Journal de la Société de statistique de Paris.)

STRASBOURG

IMPRIMERIE DE VEUVE BERGER-LEVRAULT, RUE DES JUIFS, 26

1861

DE

LA STATISTIQUE

ET

DE SON APPLICATION

A LA RECHERCHE DES FAITS SOCIAUX

PAR

M. ERNEST BERTRAND

JUGE D'INSTRUCTION AU TRIBUNAL CIVIL DE LA SEINE
MEMBRE DE PLUSIEURS SOCIÉTÉS SAVANTES.

(Extrait du Journal de la Société de statistique de Paris.)

STRASBOURG

IMPRIMERIE DE VEUVE BERGER-LEVRAULT, RUE DES JUIFS, 26

1861

DE LA STATISTIQUE

ET DE SON APPLICATION

A LA RECHERCHE DES FAITS SOCIAUX.

———◦◦❋◦◦ ———

I.

La statistique est une science.

En 1848, M. Wolowski montrait, dans l'avenir, la statistique découvrant les lois qui dominent la vie de l'humanité; mais en même temps il conseillait à cette science de se contenter, dans la génération présente, de rassembler modestement des matériaux. « La statistique, disait-il[1], peut borner son ambition actuelle à raconter « fidèlement les phénomènes sociaux, à les consigner dans des tableaux clairs, bien « coordonnés, au moyen de quotités d'un sens défini et homogène. Ces tableaux par « eux-mêmes donnent satisfaction à une curiosité légitime; ils suffisent pour guider « dans l'appréciation des questions d'un intérêt puissant, actuel, immédiat. » Mais le conseil de M. Wolowski n'a pas été écouté. La science a son égoïsme; elle a hâte de connaître; lui demander d'ajourner son impatience et de laisser à d'arrières-neveux la jouissance des matériaux qu'elle aura elle-même amassés, c'est exiger d'elle une abnégation qui n'est pas dans la nature humaine. A peine les documents statistiques sont-ils recueillis, qu'ils sont commentés, expliqués, et que, ce qui est plus grave, on tend à faire passer dans l'application les conséquences qui en sont déduites.

Si ces déductions hâtives étaient toutes obtenues en se conformant aux règles de la science, il ne faudrait peut-être pas toujours les accuser d'être prématurées. Sans contester que les lois absolues qui dominent la vie de l'humanité ne sauraient être données avec certitude que par des séries de faits *indéfinies*, on doit admettre que les séries limitées que possède la statistique, sont déjà suffisantes pour permettre de rechercher et d'étudier quelques-unes, au moins, des lois qui régissent la vie actuelle de chaque peuple. Malheureusement, dans la précipitation de leur désir de pénétrer la nature intime des choses, un grand nombre prennent des apparences pour la réalité, et d'autres cherchent moins dans la statistique cette réalité, que des armes

---

1. Études d'économie politique et de statistique, par M. Wolowski. 1843. P. 395.

pour faire triompher des opinions préconçues. De là des erreurs; de là ces plaintes et ces accusations lancées contre la statistique, dans lesquelles on va jusqu'à lui contester qu'elle soit une science. Il y a quelques mois à peine, un sénateur disait du haut de la tribune : «La statistique, qu'on appelle une science, n'est, selon moi, «que l'art de grouper plus ou moins habilement les chiffres, pour les faire servir «au besoin à la cause que l'on veut défendre ; les résultats de cette prétendue science, «qui devraient être si nets, si positifs, se prêtent avec la plus merveilleuse élasticité «aux combinaisons que l'on veut présenter, et que l'on cherche à déduire.» Un membre même de la Société de statistique émettait récemment, en d'autres termes, la même pensée, lorsqu'il écrivait : «Les résultats généraux de l'étude des stati- «stiques judiciaires se réduisent à un petit nombre de vérités certaines; quant aux «résultats particuliers, l'erreur ou la passion politique peuvent en tirer des argu- «ments, des armes de toute sorte.» Nous entendons chaque jour porter des accu- sations semblables contre la plupart des autres statistiques spéciales.

Il me semble qu'il y a là quelque chose de grave, quelque chose qui doit préoc- cuper les esprits sérieux et pratiques. La statistique n'appartient pas à la spéculation pure ; c'est la science dont les résultats doivent se transformer le plus promptement en applications dans la sphère sociale, là où toute erreur peut se traduire immédia- tement par la misère ou la souffrance de populations entières, quelquefois même par des révolutions. S'il était vrai que, sous une apparence de certitude mathéma- tique, la statistique recélât plus d'erreurs que de vérités, et qu'elle ne donnât pas la mesure exacte des faits, il faudrait le proclamer hautement et la signaler comme un danger. Mais si, au contraire, on peut avoir confiance dans ses résultats, si les accusations portées contre elle sont mal fondées, il faut combattre des préventions qui peuvent retarder d'utiles réformes; il faut démontrer que la science de la sta- tistique n'est en cause dans ces accusations; que, loin de favoriser l'erreur, elle doit en tarir la source; qu'elle n'est pas et ne peut pas être responsable de tous les abus que l'on fait des chiffres, le plus souvent en violant ses principes les plus cer- tains et les plus élémentaires; il faut, enfin, rechercher et indiquer à quels signes on reconnaît que les inductions tirées de ses tableaux sont légitimes, ou qu'elles sont douteuses ou erronées.

Ce qui constitue une science, c'est la méthode qui dirige ses recherches; ce sont les principes et les doctrines qui relient dans un ordre logique les connaissances acquises. Les documents statistiques, pris isolément, ne sont pas plus la science de la statistique que les chiffres ne sont les sciences mathématiques, que les figures géométriques ne sont la géométrie.

La statistique est une science toute nouvelle; elle n'est peut-être pas encore assez avancée pour se résumer et affecter la forme dogmatique qui appartient aux autres sciences, ses aînées; mais au moins est-il nécessaire de démontrer à tous qu'elle est déjà bien réellement une science; qu'elle a une méthode, des règles, des procédés scientifiques que l'on doit suivre si l'on veut atteindre le but qu'elle se propose; et qu'il n'est plus permis à personne de lui attribuer les conséquences hasardées que le premier venu peut tirer des documents qu'elle recueille.

Ce n'est pas à moi qu'il appartient de donner les formules de la science de la statistique, et je n'aurai pas la présomption de le tenter. Je laisse cette tâche aux hommes éminents qui se sont déjà fait un nom dans cette science; c'est à eux de nous l'enseigner. Je demanderai seulement qu'il me soit permis de rappeler rapide- ment ses principes élémentaires, et pour protester contre des accusations trop légèrement lancées, et pour mettre en garde contre des procédés d'interprétation des documents statistiques beaucoup trop expéditifs, qui tendent à se généraliser, et qui peuvent devenir la source d'erreurs graves. Peut-être aussi est-il utile aux progrès de la science elle-même, de la condenser en quelques pages, en la réduisant à ses éléments généraux. Sous cette forme, on percevra plus nettement son but et les moyens de l'atteindre.

II.

But de la statistique.

La statistique est la méthode expérimentale appliquée aux sciences morales, économiques et politiques. Son but est de donner aux sciences, qui ont pour objet l'homme vivant en société, des fondements certains, en substituant la réalité des faits aux hypothèses *à priori* et aux utopies. Elle y parvient : en déterminant les éléments numériques de tous les résultats matériels ou moraux de la vie sociale ; en les coordonnant, en les comparant entre eux, et en remontant des effets aux causes, à l'aide des données qu'elle a ainsi recueillies.

Dans la vie ordinaire, on voit les hommes obéir à des mobiles si divers, leurs actions paraissent si spontanées, si imprévues, qu'au premier abord il semble impossible de soumettre les résultats de la vie sociale à des calculs mathématiques. On est tenté de regarder comme une chimère la prétention, avouée par la statistique, de démontrer que la vie sociale est subordonnée à des lois générales, qu'elle peut les révéler et les déterminer, comme les sciences physiques ont révélé et déterminé les lois qui règlent la composition et les mouvements des corps inanimés. Mais dès qu'on a sous les yeux des séries d'observations statistiques, on est forcé de reconnaître que la diversité des mobiles qui dirigent la volonté humaine n'est qu'apparente ; les actes qui en sont le développement et la manifestation conservent numériquement entre eux des rapports constants, et il devient évident qu'ils sont le résultat de lois constantes.

Il ne faut pas s'en étonner. Pour les faits matériels tels que l'accroissement ou la diminution de la population, le nombre des naissances ou des décès, le mouvement industriel et commercial, la production et la consommation, et tous ceux de la même nature, l'initiative de l'homme est subordonnée à des conditions physiques, qui elles-mêmes sont soumises à des lois particulières invariables. Et lorsqu'on étudie avec soin les faits qui touchent plus intimement à l'exercice de la liberté humaine, on ne tarde pas à reconnaître que les actions et même les mœurs des hommes sont moins souvent le résultat d'élans inattendus et spontanés des passions ou d'actes calculés de la volonté, que de l'influence constante de certaines causes inhérentes aux conditions sociales dans lesquelles ils vivent. Une analyse complète philosophique des faits sociaux eût suffi pour révéler les lois constantes dont la statistique a démontré l'existence, et permis de prévoir la régularité périodique des phénomènes qui s'y rattachent, avant que la statistique l'eût constatée.

Le rôle de la statistique considérée comme une science, ne se borne pas, comme on le suppose communément, à additionner les faits et à grouper des chiffres dans des tableaux plus ou moins exacts. C'est à elle qu'il appartient non-seulement de donner les quantités numériques, mais aussi de les interpréter et de rechercher les causes qui les produisent. Observer n'est qu'un moyen, interpréter est le but. Il existe une corrélation intime entre l'observation des faits et leur interprétation ; on ne peut les séparer. Si les observations n'étaient pas dirigées par la connaissance des éléments qui sont indispensables pour remonter aux causes, elles seraient souvent sans utilité, et si l'on voulait remonter aux causes, par l'induction, sans connaître suffisamment la méthode qui a dirigé les observations et la valeur absolue des éléments qu'elles ont fournis, on commettrait de graves erreurs.

Pour observer les phénomènes sociaux et les interpréter à l'aide de la statistique, il y a des règles à suivre. On peut résumer ces règles en disant que : les principes généraux de la méthode expérimentale appliquée aux sciences physiques, sont applicables à la statistique, en tenant compte de la différence qui existe entre les phénomènes à observer et à analyser. L'objet est différent, les procédés scientifiques sont les mêmes.

III.

Observation et constatation des faits. Difficultés.

L'observation des faits qui font l'objet de la statistique, est plus simple et plus facile, en apparence, que celle des faits dont s'occupent les sciences physiques; en réalité, elle ne présente pas moins de difficultés. Ces difficultés sont inhérentes ou au mode de constatation des faits, ou aux faits en eux-mêmes.

La première opération de la statistique est de recueillir et d'additionner les faits. Pour avoir une valeur scientifique, non-seulement il faut que les faits recueillis se rapportant à un sujet d'exploration déterminé, soient certains et homogènes, mais il est nécessaire que leur addition soit complète. En statistique, on n'obtient des résultats que par la comparaison des quantités de la même espèce totalisées. Toute omission ou tout oubli, qui fausse un total au delà d'une certaine limite, peut aussi fausser les résultats. Un total exact est très-difficile à obtenir. Des faits qui se répartissent sur toute l'étendue d'un vaste territoire, ne peuvent être recueillis par une seule et même personne. Lorsque ces faits ont été constatés par une administration publique, au moment où ils se produisent, ce qui est la condition la plus favorable, il reste encore à éviter les causes d'erreur ou d'inexactitude inséparables de toutes les opérations arithmétiques et de la formation des tableaux ; causes qui sont multipliées par l'inexpérience ou l'ignorance des intermédiaires employés et par leur nombre même. Lorsqu'il s'agit de faits qui ne se rattachent pas aux actes d'une autorité constituée, aux erreurs et aux négligences possibles des employés, il faut ajouter l'inexactitude ou l'insuffisance des renseignements donnés par les personnes que ces faits concernent, chefs de famille, chefs d'atelier ou autres. La cause la plus ordinaire de ces inexactitudes est un sentiment de défiance. De même que les habitants de l'intérieur de l'Afrique ne veulent pas croire que les voyageurs qui s'y aventurent y soient conduits uniquement par l'amour de la science, un grand nombre de personnes cherchent une arrière-pensée dans les études de la statistique, dont ils ne comprennent ni le but, ni l'utilité. Ce sentiment de défiance est un des obstacles les plus sérieux aux progrès de la statistique. Il pourrait jusqu'à un certain point s'expliquer, s'il se bornait aux recensements que l'on peut rattacher à l'augmentation et à la répartition des impôts, ou à des questions de douanes, mais il s'étend aux matières mêmes où rien ne le justifie. C'est ainsi qu'il a fallu, en 1856, éliminer du programme d'enquête pour le dénombrement de la population en France, le document relatif aux cultes, « parce qu'une foule de personnes avaient « cru voir dans la question posée à ce sujet en 1851, une atteinte à la liberté de « conscience et avaient refusé d'y répondre.» C'est ainsi encore que le plus futile amour-propre ne permet pas d'obtenir les dates exactes de la naissance des femmes.[1]

Ces difficultés matérielles ne sont pas insurmontables, mais elles ne peuvent être vaincues qu'à l'aide d'une patience et d'une persévérance à toute épreuve et lorsque les recherches statistiques sont dirigées par des hommes consciencieux et dévoués à la science. L'intervention du Gouvernement et l'organisation de services spéciaux pour la statistique, dont l'action éclairée par l'expérience s'exerce d'une manière continue sur les agents chargés de recueillir les documents statistiques, a déjà donné en France à ces documents plus de précision et d'exactitude. Les commissions cantonales de statistique créées dans toute la France par le décret du 1er juillet 1852, contribueront à faire disparaître les dernières causes d'erreur et les plus sérieuses, en donnant aux recherches une meilleure direction dans chaque canton, et en substituant, à la longue, des hommes zélés et expérimentés, aux intermédiaires ignorants ou indifférents auxquels il a fallu s'adresser jusqu'à ce jour.

Les difficultés inhérentes aux faits en eux-mêmes sont d'un ordre plus élevé. Elles touchent de près à la science statistique proprement dite. Pour résoudre la plupart des questions qui intéressent la société, il ne suffit pas le plus souvent de connaître un fait dans sa généralité, il faut connaître aussi certains de ses détails ou ses subdivisions les plus importantes. Il est presque toujours très-difficile de déterminer quelle est la meilleure subdivision des faits distincts, quoique du même ordre, que tout fait important embrasse dans sa généralité; quelle est celle qui classe le plus exactement tous les faits de détail; quelle est celle qui répond le mieux aux besoins de la science; quelle est celle qui ne rencontrera pas dans la pratique des difficultés insurmontables.

On n'a pas pu déterminer encore quelle est la meilleure classification à adopter pour les dénombrements de la population, et l'on entend chaque jour des plaintes sur l'insuffisance de certaines parties des statistiques judiciaires, des statistiques agricoles et industrielles et des autres statistiques spéciales. Cela provient de ce que, pour les subdivisions ou les classifications, financiers, industriels, moralistes ou hommes d'État, chacun se place du point de vue de problèmes différents à résoudre. Les statistiques spéciales n'auront atteint la perfection que le jour où elles permettront de répondre à toutes les questions.

La difficulté des subdivisions et des classifications se complique aujourd'hui de la nécessité de les restreindre dans de certaines limites, par des raisons soit d'économie, soit d'insuffisance des agents. Mais il ne faudrait pas se persuader qu'elle serait moins grande, si on laissait à la statistique une entière liberté d'action. Il est presque impossible de formuler, *à priori*, une classification sans lacunes ou sans subdivisions inutiles. Ce n'est qu'à l'aide de l'expérience et du temps, et après avoir étudié à fond toutes les questions économiques, politiques et morales, que la science de la statistique arrivera à connaître la série complète, théorique, des documents qu'elle doit recueillir pour satisfaire à toutes les exigences des sciences sociales.

La subdivision des chiffres complexes et les méthodes de classification des faits de détail ont une haute importance. Ainsi que nous le verrons bientôt, le plus sou-

---

1. Dans son remarquable exposé du mouvement de la population en France (Journal de la Société de statistique de Paris, 1860, p. 152 et 156), M. Legoyt a énuméré une partie des difficultés spéciales que rencontre un simple recensement de la population. Toutes les recherches statistiques présentent des difficultés analogues et même quelquefois des difficultés plus considérables.

vent c'est avec leurs secours seulement que l'on peut interpréter les documents statistiques et en déterminer la véritable signification.

IV.

Usages de la statistique. Détermination des quantités constantes. Calcul des moyennes. Loi des grands nombres.

La statistique sert : à constater l'existence des faits qui se produisent dans la société ; à rechercher les effets des lois, des institutions, d'un fait quelconque déterminé ; à découvrir les lois naturelles qui régissent les phénomènes sociaux, et à remonter à leurs causes.

Chaque opération de la statistique, chaque tableau dressé à une époque déterminée, donne pour cette époque les quantités numériques d'un certain nombre de faits, dont elle constate ainsi à la fois l'existence et l'importance. Dans ce cas, la certitude des faits constatés n'a pas d'autre limite que celle de l'exactitude des procédés employés pour les recueillir et les grouper.

La statistique, même réduite à la constatation pure et simple des faits, *le budget des choses*, suivant l'heureuse expression de l'Empereur Napoléon, a une valeur scientifique qu'on ne peut méconnaître : « Les éléments de la statistique, a dit « M. Wolowski[1], ne sont pas autre chose que l'état même de la société reproduit à « des moments donnés ; la société est mobile ; les travaux statistiques fixent la trace « de cette mobilité et permettent d'en connaître les ondulations. Les statistiques de « tel ou tel pays, à telle ou telle époque, sont comme l'image fidèle des faits so- « ciaux. »

Si la statistique permet de reproduire l'image fidèle des faits sociaux à un moment donné, on conçoit immédiatement que la comparaison de deux tableaux de ces faits, pris à des époques convenables, doit indiquer les résultats de l'action de tout fait nouveau qui a modifié l'état de la société.

L'opération à faire pour obtenir ces résultats, n'est pas toutefois aussi simple qu'elle paraît l'être au premier abord. Lorsqu'on veut seulement constater l'existence d'un fait à un moment précis, il suffit de prendre les chiffres donnés par le tableau de la statistique qui correspond à ce moment. Pour avoir la mesure exacte de l'action d'une cause connue, il ne suffit pas toujours de prendre la différence entre les chiffres appartenant au même fait dans les tableaux dressés à deux époques successives, l'une antérieure, l'autre postérieure à la cause dont on recherche les effets. Nous touchons ici à l'un des points fondamentaux de la science.

Dans la vie des peuples comme dans toute la création, l'action d'une force, d'une cause quelconque ne s'exerce jamais sans être modifiée, diminuée ou augmentée par l'action d'autres forces et d'autres causes, qui agissent au même instant. Les faits sociaux, de même que les phénomènes de la nature physique, ne sont en général que les résultantes de forces et de causes diverses. Si ces forces et ces causes étaient toutes constantes, si elles devaient nécessairement donner des chiffres identiques pour des périodes de temps égales, la différence entre deux chiffres successifs indiquerait exactement les résultats de la cause nouvelle dont l'effet est cherché. Mais il n'en est pas ainsi. Les forces et les causes constantes ne donnent pas nécessairement des chiffres identiques pour des périodes égales. Plusieurs ont pour résultat une progression régulière, croissante ou décroissante du nombre des faits qu'elles produisent, et le plus souvent, à côté des causes constantes, on rencontre

1. Ouvrage déjà cité, p. 398.

des causes variables et des causes accidentelles, qui altèrent les chiffres que les causes constantes auraient donnés, si elles eussent agi seules.

Pour avoir la mesure exacte de l'action d'une cause nouvelle déterminée, avant de la déduire de la comparaison des chiffres de deux époques successives, il faut éliminer des quantités que l'on veut comparer, celles qui sont dues à l'influence des causes variables et accidentelles, et en soustraire, s'il y a lieu, l'augmentation, ou y ajouter la diminution due aux causes constantes.

La soustraction ou l'addition à opérer pour l'accroissement ou la diminution due aux causes constantes, ne présente aucune difficulté lorsque la loi de la croissance ou de la décroissance est connue. Nous verrons plus loin comment on peut la rechercher; il est inutile de s'y arrêter ici.

L'élimination des quantités dues à l'influence des causes variables et accidentelles se fait par *le calcul des moyennes*. Les moyennes supposent une série d'observations faites à des époques périodiques. Elles s'obtiennent en divisant la somme des quantités obtenues par le nombre des observations [1]. Le calcul des moyennes non-seulement donne les résultats des observations débarrassées des quantités dues à l'influence des causes purement accidentelles, mais il atténue et annule, en les divisant par des nombres élevés, les erreurs qui ont pu être commises soit dans les calculs, soit dans la constatation de quelques faits.

Le degré de certitude du calcul des moyennes est subordonné *à la loi des grands nombres*, une des plus remarquables applications du calcul des probabilités.

Au milieu des causes variables et inconnues, qui rendent incertaine et irrégulière la marche des événements, tant qu'on ne considère que des cas particuliers, on voit naître, en général, à mesure que les faits se multiplient, une régularité frappante. Cette régularité s'explique facilement. Lorsqu'on observe un nombre très-considérable d'événements du même ordre, l'influence des causes variables et accidentelles, par cela même qu'elles sont variables et accidentelles et qu'elles n'agissent pas constamment, doit disparaître dans l'ensemble des résultats des causes dont l'action étant constante, s'exerce sans interruption. La loi que suit la décroissance de l'influence des causes variables irrégulières dans une série indéfinie d'observations, a été mathématiquement démontrée. On a trouvé une formule à l'aide de laquelle on peut toujours déterminer le nombre d'observations ou d'épreuves qui donnerait une probabilité approchant de la certitude aussi près qu'on le voudra, que les résultats généraux sont dégagés de l'influence des causes variables. La conséquence de cette formule, c'est que plus le nombre des observations est grand et plus l'influence des causes variables est réduite. Il en résulte directement que la certitude des résultats donnés par le calcul des moyennes, croît ou décroît suivant que ce calcul porte sur un nombre plus ou moins grand d'observations.

Le calcul des moyennes a une extrême importance en statistique, comme dans toutes les sciences auxquelles s'applique la méthode expérimentale. M. Al. de Humboldt a dit en parlant de l'astronomie [2] : « Quand il s'agit des mouvements et des trans- « formations qui s'effectuent dans l'espace, le but final de nos recherches est sur- « tout la détermination numérique *des valeurs moyennes*, qui constituent l'expression « des lois physiques elles-mêmes. Ces nombres moyens nous représentent ce qu'il y « a de constant dans les phénomènes variables, ce qu'il y a de fixe dans la fluctuation « perpétuelle des apparences. » Nous pouvons dire avec autant d'autorité que : le but

1. Voir plus loin la note du § X.
2. Cosmos, t. Ier, p. 82.

final de la statistique est la détermination des valeurs moyennes, qui représentent ce qu'il y a de constant dans la fluctuation apparente des actes de la vie sociale.

Dans les lignes qui précèdent nous avons supposé que l'on recherchait les effets d'une cause connue, qui s'est produite à une époque dont la date est certaine. Si, à la même date, il s'était produit plusieurs causes auxquelles on pût attribuer les mêmes effets, la solution présenterait des difficultés plus sérieuses; les procédés à employer rentrent alors dans la discussion du problème plus général, qui a pour objet de remonter des effets à leurs causes.

V.

Relation entre les lois et les causes des faits sociaux et les quantités statistiques.

Connaissant les quantités statistiques, on peut se proposer deux questions : quelles sont les lois qui régissent certains faits ? quelles en sont les causes ?

Lorsqu'on a déterminé, pour plusieurs séries d'années successives, les quantités moyennes des faits qui se produisent dans la société, si l'on compare ces quantités entre elles, on voit que les unes sont constantes, les autres variables; que d'autres croissent ou décroissent, en suivant une progression régulière. Si après avoir comparé les quantités homogènes entre elles, on les compare, terme à terme, aux séries des autres quantités d'une nature différente, on remarque encore, entre quelques-unes de ces quantités, une relation constante. Elles croissent ou décroissent en même temps; ou bien quand l'une diminue, l'autre augmente et réciproquement. Enfin, si l'on note avec soin les faits généraux permanents et les faits généraux variables, qui se rattachent à la vie sociale, et qu'on les rapproche des résultats obtenus en comparant entre elles les quantités homogènes et non homogènes, on arrive à reconnaître que, le plus souvent, les quantités constantes correspondent à certains faits permanents, et les quantités variables et accidentelles, à la réapparition de certains faits variables ou accidentels eux-mêmes.

Ces observations répétées et vérifiées par l'étude de nombreuses séries de faits, finissent par conduire à la connaissance des lois qui régissent certains faits déterminés, et quelquefois même à découvrir leurs causes.

On confond souvent la cause d'un fait avec la loi qui le régit. La loi n'est pas la cause; elle n'est que l'expression, la formule du mode constant suivant lequel la cause agit. Pour découvrir une loi, il n'est pas toujours nécessaire de connaître ses causes réelles. On a connu en physique les lois de la pesanteur longtemps avant sa cause, qui est l'attraction que tous les corps exercent les uns sur les autres. On peut de même, en statistique, formuler les lois suivant lesquelles se produisent les faits, avant de pouvoir en déterminer les causes. La loi de l'accroissement de la population en est un exemple. On la détermine d'une manière fort simple, à l'aide de simples opérations arithmétiques. En prenant la différence des chiffres de la population à chaque dénombrement périodique, on reconnaît qu'elle s'accroît au lieu de rester stationnaire; en comparant les accroissements entre eux, on constate qu'ils suivent une progression sensiblement régulière et constante; et, en déterminant le rapport que suit cette progression, on obtient la loi cherchée. Pour découvrir les causes de cette loi; pourquoi elle varie d'un peuple à un autre; pourquoi, dans certaines circonstances, elle subit de graves perturbations, il faudrait connaître exactement l'histoire, la géographie, les mœurs publiques et privées des peuples dont on s'occupe; il faudrait savoir quelle influence exercent sur les naissances et sur la durée de la vie, le climat, les industries habituelles, les coutumes et mille autres circonstances ; il faudrait des volumes de recherches et d'observations; la vie d'un homme y suffirait à peine.

Lorsque la loi qui régit un fait est connue, on peut en déduire, par voie de raisonnement, la connaissance des phénomènes qui devront avoir lieu dans telle et telle circonstance donnée. Ainsi, par exemple, le rapport constant qui existe chez certains peuples entre le nombre moyen annuel des naissances et le chiffre de la population, permet, connaissant le nombre des naissances, de trouver approximativement le chiffre de la population ou réciproquement. Ainsi encore, lorsque le prix des subsistances s'élève, on peut à coup sûr prédire: l'augmentation du chiffre des décès, l'augmentation du chiffre des crimes et des délits et une diminution dans la consommation générale.

La connaissance des causes efficientes permet non-seulement de prévoir la production des mêmes phénomènes dans les mêmes circonstances déterminées, mais de calculer ce qui arrivera dans des circonstances très-différentes des circonstances observées qui les ont fait découvrir. Alors, en effet, la combinaison des circonstances devient la combinaison des causes, dont on connaît les modes d'action et les rapports.

En général, l'observation ne donne d'abord que des lois composées s'appliquant à des phénomènes très-complexes, et l'on ne peut arriver aux causes qu'en analysant les phénomènes complexes et en ramenant les lois composées à des lois simples, de manière à rapporter chaque élément du phénomène total à telle ou telle action spéciale. Il en résulte que la marche logique est de rechercher les lois qui régissent un fait, avant d'en rechercher les causes.

VI.
Recherche des lois des faits sociaux.

La comparaison des quantités moyennes obtenues à des époques successives, donne un moyen facile de reconnaître : si un fait est progressif ou stationnaire; si sa production est constante, ou variable, ou accidentelle; si elle suit une progression croissante ou décroissante et quelle est cette progression. Il n'est pas toujours aussi aisé de constater la relation qui existe entre les faits généraux et un fait particulier, et de déterminer la loi qui les unit.

Dans les sciences physiques, pour découvrir ou vérifier la loi de l'action constante d'une force ou d'un agent dans la production des phénomènes naturels, on a recours à l'expérimentation, qui isole et fait varier les circonstances des phénomènes et produit ainsi des phénomènes plus simples, qu'il est plus aisé de connaître dans toutes leurs parties. Mais dans les sciences morales, économiques et politiques, où toute tentative inhabile, tout essai imprudent peut causer des maux irréparables, le plus souvent l'expérimentation est impossible, et c'est dans les faits accomplis que l'on doit chercher à surprendre le secret des lois auxquelles est soumise la vie sociale.

On y parvient à l'aide de l'*analyse statistique*, qui permet d'isoler certains faits et de reconnaître comment ils se produisent, et comment ils se modifient suivant les circonstances.

Supposons que l'on veuille connaître la loi suivant laquelle les crimes se produisent chez un peuple. Les séries des quantités moyennes des crimes commis, prises à plusieurs époques successives et comparées entre elles, montreront que ces quantités sont sensiblement constantes, mais cependant que, de temps en temps, elles éprouvent quelques variations accidentelles. Si les variations accidentelles correspondent à la reproduction accidentelle des mêmes faits généraux, tels que la cherté des subsistances, les crises commerciales ou d'autres calamités publiques, on pourra en conclure qu'il existe une relation entre ces faits et les variations observées, et en déduire la loi qui les concerne. La relation entre les faits généraux permanents et les quantités constantes, est moins facile à saisir. Il faut qu'elle soit mise en relief par des circonstances particulières, qu'une analyse peut seule faire connaître. Pour faire cette analyse, il faut décomposer les chiffres des quantités constantes, au moyen de subdivisions se rattachant aux faits généraux permanents, tels que : les lieux, les professions, le sexe, l'agglomération de la population, etc., etc. On obtient ainsi des quantités comparables entre elles, qui indiquent la corrélation qui existe entre les circonstances variables de chacun des faits généraux permanents et la quantité des crimes commis. Lorsqu'il est démontré qu'une de ces corrélations est constante et invariable, elle est un des termes de la loi cherchée. Ainsi, par exemple, en ce qui concerne les sexes, on trouvera que le nombre total des crimes commis par les femmes, est toujours et partout, dans une proportion considérable, inférieur au nombre total des crimes commis par les hommes. Ainsi, encore, on constatera que, partout où la population est agglomérée, le nombre des crimes est proportionnellement plus élevé que dans les lieux où elle est moins dense. Ce sont là évidemment deux des termes du mode constant de la loi suivant laquelle se commettent les crimes. Une analyse complète, comprenant tous les faits généraux, donnerait les autres termes de cette loi.

Cette méthode peut servir pour tous les ca ; elle est la plus sûre ; mais elle suppose que les quantités statistiques complexes constantes, ont été complétement décomposées depuis une série d'années, à l'instant où elles ont été recueillies, au moyen de subdivisions appropriées, a priori, à l'analyse que l'on se propose de faire.

Quelquefois pour découvrir une loi, il suffit de généraliser un fait observé. Seulement alors il ne faut jamais oublier que la loi ainsi obtenue n'est qu'une hypothèse plus ou moins vraisemblable, tant qu'elle n'a pas été vérifiée et prouvée par l'expérience.

L'expérience se fait au moyen de documents statistiques, convenablement déterminés à l'avance, que l'on peut recueillir au moment où les faits se produisent, ou au moyen des documents statistiques déjà recueillis, s'ils présentent des subdivisions suffisantes. Il est très-rare que cette dernière condition soit réalisée et que les subdivisions ou leurs classifications faites a priori, un peu au hasard, s'adaptent exactement aux données du problème à résoudre. Si elles ne s'y adaptent pas exactement, on ne peut que préparer des tableaux plus complets, et attendre qu'avec les années, la statistique ait pu les remplir. Il faudrait se garder de trop se hâter d'accepter comme des preuves, ainsi que cela arrive trop souvent, les quantités complexes résultant de l'action complexe de la loi que l'on veut vérifier, combinée avec d'autres lois. On s'exposerait à tomber dans de graves erreurs. Une hypothèse ne doit pas et ne peut pas être vérifiée à l'aide d'autres hypothèses. Pour pouvoir affirmer une loi, il faut que ses résultats apparaissent dégagés de toute quantité qui lui est étrangère.

Je ne m'arrêterai pas ici aux difficultés pratiques que présente la détermination des lois, ni à montrer comment ces difficultés croissent à mesure que, des lois empiriques qui ne vont pas au delà des apparences, on cherche à s'élever jusqu'aux lois rationnelles; ou que, des lois composées, qui présentent les effets combinés de plusieurs causes dont l'effet n'est pas le même, on veut arriver aux lois simples. Ces difficultés se réduisent toujours, en réalité, à la solution de questions d'analyse, dont les plus importantes vont se présenter dans la recherche des causes.

Je passe également sous silence les procédés qui peuvent, dans certaines circonstances, abréger ou faciliter la recherche des lois et leur démonstration. Ces procédés appartiennent plus à la pratique qu'à la théorie générale et je les ai déjà suffisamment indiqués, en disant que la plupart des procédés de la méthode expérimentale appliquée aux sciences physiques, sont aussi applicables à la statistique. [1]

VII.
Recherche des causes des faits sociaux.

J'ai dit que, pour découvrir les lois, il n'était pas indispensable de connaître les causes; mais il est évident que la considération des causes est d'un grand secours dans la détermination des lois; d'un autre côté, c'est seulement la connaissance simultanée des causes et des lois qui permet de s'élever jusqu'à la prévision certaine des faits, et de calculer les modifications qu'il convient de faire subir à la législation, aux institutions, aux mœurs, aux coutumes, aux lieux mêmes, pour porter la vie sociale à son plus haut degré de perfection; ce qui est le but des sciences morales, économiques et politiques, dont la statistique n'est que le fanal. Une loi ne permet de prévoir sûrement que les faits qui rentrent exactement dans son énoncé; il faut connaître les causes pour prévoir leurs effets dans toute circonstance donnée, et pouvoir les produire ou les éviter. Il ne suffit donc pas de constater les lois; il faut aussi rechercher les causes.

La recherche des causes, comme celle des lois, se réduit à la recherche de la relation qui existe entre un certain nombre de faits. Mais, tandis que pour découvrir une loi, il suffit de bien constater le mode constant et les circonstances suivant lesquelles un fait se produit, sans qu'il soit nécessaire d'en connaître la nature intime, la recherche des causes suppose la constatation certaine de l'action immédiate d'un autre fait moral, intellectuel ou physique, sur la production du fait particulier dont la cause est cherchée. Cette constatation serait facile, si tous les phénomènes sociaux étaient chacun l'effet de l'action spéciale d'une seule cause déterminée. Il n'en est pas ainsi; ordinairement, tout fait social important est le résultat de l'action complexe de plusieurs causes, qui concourent à le produire, et souvent il est difficile soit de discerner ces causes, soit de rapporter à chacune d'elles l'effet qui lui appartient.

1. On peut citer, comme exemple, l'application faite à certaines parties de la statistique de la méthode des courbes, dans laquelle la géométrie vient en aide à l'arithmétique et à l'algèbre, pour faciliter les inductions. Cette méthode n'a pas seulement l'avantage de rendre plus sensibles certaines variations des quantités statistiques. Lorsque la loi de dépendance de la quantité variable qui donne la courbe est connue, elle permet de prévoir les résultats des observations et d'en rectifier les erreurs; si cette loi n'est pas encore connue, la courbe tracée expérimentalement d'après des données à peu près exactes, permet de découvrir cette loi. Les résultats de la statistique étant des quantités, se prêtent à toutes les opérations que les quantités peuvent subir. Il est même possible, en statistique, de tirer parti de la plupart des applications du calcul des probabilités. Ainsi, sans parler de la loi des grands nombres dont nous avons vu l'application (§ IV), on peut quelquefois déterminer le *maximum* d'erreur possible, et, par le calcul des moyennes, obtenir une certitude restreinte dans certaines limites, mais absolue en deçà de ces limites. On peut encore, par la combinaison du calcul des moyennes et du calcul des probabilités, arriver à isoler et à connaître avec certitude une série de faits distincts de ceux au milieu desquels ils étaient auparavant confondus et inaperçus, en trouver la loi, en découvrir la cause et déterminer le mode d'action de cette cause.

Les seuls faits que la science statistique doive chercher à expliquer et dont elle puisse aider à découvrir les causes, sont les faits généraux, les grands résultats dégagés de l'influence des circonstances variables et accessoires par le calcul des moyennes, ou bien les faits circonscrits par quelques circonstances particulières. Lorsqu'on veut descendre aux faits de détail, il est presque impossible de se rendre compte exactement de toutes leurs circonstances, et de l'intensité et des résultats des causes qui les produisent. Il en est de même dans les sciences physiques.

On peut se proposer de rechercher, dans leur ensemble, quelles sont les causes qui produisent les phénomènes dont se compose la vie d'un peuple, ou, plus spécialement, quelle est la cause d'un fait déterminé.

La recherche des causes prises dans leur ensemble, est l'objet même que doit se proposer la science, qui ne se borne pas à l'intérêt né et actuel, et qui doit tendre à embrasser tous les faits. Elle a d'ailleurs un grand avantage; elle permet d'aller graduellement du connu à l'inconnu, en suivant un système raisonné; d'éclairer les questions à résoudre par les questions résolues et de n'aborder les problèmes que lorsque l'on possède déjà tous les éléments de la solution. Tout se lie et s'enchaîne dans une science. Tant qu'un certain nombre de questions préliminaires et fondamentales n'auront pas été résolues, il arrivera souvent qu'on échouera dans la recherche directe et immédiate des causes d'un fait déterminé.

La méthode générale théorique à suivre pour arriver à la découverte des causes, peut s'exposer en quelques mots.

Avant de rechercher les causes d'un fait, il faut déterminer les lois qui le régissent, le mode constant suivant lequel il se produit. En suivant la méthode indiquée dans le paragraphe précédent, on peut obtenir assez facilement, pour le plus grand nombre des faits, des lois composées empiriques, qui ne sont que des faits généralisés, sans aucun élément rationnel, sans aucune notion précise des causes agissantes, et même souvent sans une connaissance exacte et complète des phénomènes réels. La notion de la loi se borne alors à celle de la production constante des faits dans des circonstances données.

La loi étant connue, on cherche, à l'aide de l'analyse statistique, à isoler les conditions du phénomène pour les étudier une à une et connaître leur part d'influence, ou au moins mettre en évidence les résultats qui se produisent, lorsque quelques-unes des circonstances de la loi générale varient. On parvient ainsi : 1° à écarter les circonstances indifférentes; 2° à déterminer la part de chacune des autres circonstances dans le phénomène, en examinant ce qui résulte ou de leur suppression, ou de leur modification, ou bien de leur action isolée; 3° à faire la part des circonstances nouvelles, d'abord inaperçues, qui peuvent aussi influer sur le phénomène; 4° à obtenir la décomposition d'un phénomène complexe en plusieurs autres, dont chacun, non-seulement se produit avec la même constance que le phénomène total, mais est l'effet d'une cause spéciale qu'on arrive à connaître en l'isolant par une nouvelle analyse.

Dans cette analyse définitive, on est souvent arrêté par la difficulté de rapporter l'effet à sa cause. Cette difficulté est sérieuse, plusieurs circonstances peuvent empêcher de distinguer nettement les caractères[1] auxquels on reconnaît le rapport de

---

1. Il n'est peut-être pas inutile de rappeler ici les principaux de ces caractères : 1° la cause doit précéder l'effet ; elle ne peut exister sans que l'effet se produise; 2° l'effet ne peut exister sans que la cause existe; il cesse dès que la cause cesse; 3° l'effet augmente ou diminue avec l'intensité de la cause; 4° lorsqu'on supprime la cause, on supprime aussi l'effet. Herschell, dans son discours sur l'étude de la philosophie naturelle, 2ᵉ partie, chap. 6, a nettement posé les caractères auxquels on reconnaît les rapports de causalité et les moyens de les distinguer.

la cause à l'effet, et, quel est, de deux phénomènes qui se produisent simultanément, celui qui est la cause de l'autre. Ainsi, par exemple : la cause peut être en-
travée ou son effet supprimé par des circonstances indépendantes du phénomène
principal; il faut alors savoir découvrir les causes de perturbation; deux phénomènes
peuvent se produire simultanément, non parce que l'un est l'effet de l'autre, mais
soit parce qu'ils ont une cause commune, soit parce que leurs causes, bien que
différentes, sont simultanées. Il peut encore arriver que l'on prenne, pour la cause,
une loi composée; que l'on attribue un phénomène complexe à une cause unique
imaginaire; ou que, tombant dans l'erreur inverse, on méconnaisse une cause réelle,
pour chercher des causes qui n'existent pas.

Pour remonter aux causes, pour savoir les distinguer au milieu des éléments divers qui agissent sur la société, pour éviter toute méprise, il faut une grande saga-
cité, une attention soutenue, un esprit profond d'analyse, une grande rigueur dans
les déductions et quelquefois un éclair de génie.

Même si l'on écarte la difficulté de rapporter l'effet à sa cause, il ne faut pas se
dissimuler que la méthode si simple que je viens d'exposer, présente souvent dans
la pratique des difficultés insurmontables. Avec du temps et de la patience, on peut
toujours arriver à trouver des lois composées empiriques, mais on ne peut pas toujours remonter aux causes.

VIII.

Analyse statistique. Subdivision des quantités complexes.

De ce qui précède, il résulte que c'est à l'analyse statistique, qui a déjà servi à
trouver les lois générales, qu'il faut aussi avoir recours pour rechercher les causes.
Seulement la recherche des causes exige que l'analyse soit poussée beaucoup plus
loin. Une classification bien faite des documents recueillis par la statistique, suffit
souvent pour constater une loi générale; il est rare que, pour remonter jusques
aux causes, on ne soit pas obligé de faire une analyse complète. Tant qu'une quantité complexe n'a pas été décomposée, on n'en peut tirer aucune induction certaine
sur le rapport de l'effet à la cause.

L'analyse statistique se fait en décomposant les quantités statistiques complexes,
au moyen de subdivisions convenablement déterminées.

Une première difficulté de cette analyse, est la détermination des subdivisions; la
seconde est la recherche des quantités qui appartiennent à chacune d'elles. De ces
deux difficultés, la première est la plus sérieuse du point de vue scientifique; la
seconde n'est qu'une question de temps et d'argent. Si l'on s'est trompé dans la
détermination des subdivisions qui doivent conduire à un résultat cherché, quel que
soit le soin avec lequel auront été recueillis les documents statistiques pendant plusieurs séries d'années, on n'arrivera pas à une solution; tout est à recommencer.

En général, les subdivisions s'obtiennent au moyen des faits généraux auxquels on
peut rattacher une certaine fraction des quantités que l'on veut analyser. J'en ai
donné un exemple en parlant de la recherche des lois générales. On les fait varier
suivant le but qu'on se propose.

La subdivision rationnelle des quantités complexes appartenant aux faits de la vie
sociale, dont on veut découvrir les causes, suppose une étude antérieure complète
de ces faits et une parfaite connaissance de toutes les circonstances *probables*, qui
peuvent influer sur leur production. C'est aux faits généraux constituant ces circonstances probables, que doivent se rattacher les subdivisions. La statistique n'in-

tervient, en réalité, que comme un moyen de vérification, en donnant la mesure mathématique de l'action réelle de chacune de ces circonstances.

Il n'est pas toujours possible que chaque circonstance soit l'objet d'une subdivision du chiffre complexe. Les phénomènes de la vie sociale sont dus, à la fois, à des causes physiques, à des causes physiologiques, à des causes morales, à des causes politiques et économiques, à des causes intelligentes et libres, qui le plus souvent agissent simultanément. Si, pour faire la part de chacune de ces causes, il était indispensable d'obtenir *directement* les quantités numériques qui leur appartiennent, le plus souvent le problème serait insoluble; les moyens matériels et pratiques pour les discerner et les réunir manqueraient. On élude cette difficulté en notant à part les quantités statistiques obtenues dans des lieux et à des époques, où l'on trouve isolées les circonstances que l'on n'a pas pu comprendre dans la subdivision générale. Toutes les autres conditions restant les mêmes, la comparaison de ces quantités avec les quantités normales donne le résultat cherché.

Les statistiques des peuples dont les lois, les usages, le climat ou d'autres circonstances diffèrent, les statistiques particulières des provinces d'un même empire, convenablement faites, sont alors d'un grand secours. Mais pour qu'elles puissent être comparées entre elles, il est nécessaire que ces statistiques aient adopté les mêmes subdivisions et les mêmes principes. C'est précisément le but que poursuivent les congrès de statistique internationaux. Le jour où ils l'auront atteint, ils auront fait faire un pas immense à la science.

IX.

Observations diverses.

La recherche des causes peut être simplifiée et facilitée par un système raisonné d'études. Pour chaque ordre de faits à étudier, avant de passer à la recherche des causes des phénomènes compliqués, on doit d'abord s'attacher à découvrir toutes les causes des phénomènes les plus simples et les plus faciles à expliquer. On arrive ainsi graduellement à ceux qui offrent plus de difficultés, et, à mesure que l'on avance, on obtient un nombre de plus en plus grand de solutions, dans lesquelles sont le plus souvent compris quelques-uns des éléments des questions qui restent à résoudre. L'analyse de ces questions devient alors plus facile. Il arrive même quelquefois, lorsque le nombre des analyses terminées est assez considérable, que, de leur rapprochement, il jaillit des découvertes imprévues et la solution de problèmes qu'on ne s'était pas encore posés.

Dans certains cas, au lieu de remonter des effets aux causes, il est plus facile de descendre d'une cause connue à ses effets. La question est alors plus circonscrite. Le mode d'opérer reste le même; seulement il faut faire l'analyse des quantités statistiques, et par conséquent, les subdiviser, non plus en vue des causes, mais en vue des *effets probables*. Dans ce cas particulier, la difficulté consiste principalement à ne pas attribuer à la cause étudiée, des effets qui appartiennent à d'autres causes. Pour éviter ce danger, on est obligé dans l'analyse de faire la part de toutes les causes qui peuvent produire des effets semblables.

J'ai dit précédemment que les quantités moyennes obtenues à l'aide de séries d'observations les plus nombreuses qu'il est possible, donnent seules les valeurs qui représentent l'effet des causes constantes. Cette observation qui s'appliquait aux chiffres généraux, s'applique avec plus de force encore aux subdivisions de ces chiffres donnés par l'analyse. Moins une quantité statistique est considérable, plus elle est exposée à être altérée par des causes anormales et accidentelles, dont l'effet serait resté insensible sur des chiffres très-élevés. Plus une analyse est délicate, plus il est important de n'opérer que sur des séries d'observations très-multipliées, comprenant les subdivisions dont elles doivent servir à déterminer les valeurs moyennes.

X.

Des quantités dues aux causes accidentelles et aux fractions d'un même territoire.

Dans la recherche des causes, l'étude qui donne le plus sûrement des résultats est celle des quantités dues, soit aux causes variables et accidentelles, soit aux différences bien tranchées que présentent souvent entre elles les provinces d'un même empire, sous le rapport du sol, de la richesse générale, de l'industrie, des habitudes et d'autres circonstances qui modifient l'action des institutions ou des faits généraux, auxquels elles sont toutes également soumises. Cette étude est celle qui permet le plus fréquemment d'isoler certaines causes et de les prendre, pour ainsi dire, sur le fait.

Les quantités dues aux causes variables et accidentelles s'obtiennent par la comparaison des valeurs moyennes avec les résultats de chacune des observations périodiques qui sont entrées dans leur calcul. Lorsque des faits sont soumis à des causes normales constantes, ordinairement les résultats de chaque observation ne s'éloignent pas sensiblement de la valeur moyenne. Si quelques-unes seulement des observations présentent de notables différences avec cette valeur, on est certain qu'aux époques où ces différences se sont produites, on trouvera quelque cause anormale et accidentelle. Il est alors facile de découvrir cette cause et d'en connaître les lois et le mode d'action, à l'aide d'analyses comparées, qui mettent en évidence le fait particulier auquel est due l'augmentation anormale.

La seule difficulté est ici de réunir une série suffisante d'observations, pour obtenir les quantités moyennes représentant l'action constante de la cause anormale. Dans la recherche des quantités partielles qui doivent composer la série, il importe de remarquer que chacune de ces quantités ressort d'autant plus nettement que la période à laquelle elle appartient, a été mieux isolée des autres périodes sur lesquelles les causes anormales n'ont pas réagi. Les observations annuelles sont en général les plus favorables à la recherche des quantités et des causes anormales, parce qu'elles permettent de mieux circonscrire la période de l'action d'une cause anormale, que des observations embrassant à la fois plusieurs années.[1]

Je ne reviendrai pas ici sur ce que j'ai dit[2] des moyens d'utiliser les différences que présentent les provinces d'un même empire, pour isoler les résultats de certaines causes; des développements plus complets seraient sans utilité. Mais j'ai à faire

---

1. J'ai déjà dit précédemment (§ IV) que les quantités moyennes supposent une série d'observations faites à des époques périodiques, et qu'elles s'obtiennent en divisant la somme des quantités par le nombre des observations. Si les observations n'avaient été faites qu'à des époques non périodiques et comprenant des nombres inégaux d'années, pour avoir la moyenne, il faudrait diviser la somme des quantités par le chiffre total des années qu'embrassent les observations. On a alors la moyenne qu'auraient donnée les observations annuelles. On opère de même, lorsque l'on veut comparer des observations correspondant à des périodes de temps inégales, ou lorsque, ne connaissant que les chiffres totaux d'observations embrassant un grand nombre d'années, on veut en avoir la moyenne. On peut se servir des moyennes ainsi obtenues pour la recherche des causes constantes, comme si elles avaient été données par la méthode ordinaire, mais elles ne conduisent à des résultats exacts, pour les causes anormales, que lorsqu'on veut les comparer aux chiffres d'observations annuelles.

2. Voir § VIII.

sur la valeur absolue des quantités statistiques appartenant à chacune de ces provinces, une observation importante, qui se rattache directement aux principes généraux.

Les chiffres donnés par des observations embrassant toute l'étendue d'un vaste empire, tel que la France par exemple, totalisent un très-grand nombre de faits de la même espèce, au milieu desquels disparaissent une multitude de faits particuliers dus à des causes locales ou accidentelles ; ils ont une véritable valeur moyenne représentant l'effet général des causes normales, qui ont agi sur tout le territoire, pendant la période que comprennent les observations, ne fût-elle que d'une année. C'est ce qui explique la régularité remarquée dans la succession des chiffres des observations statistiques périodiques, même annuelles, faites chez les principaux peuples de l'Europe. Cette régularité ne peut être troublée que par des causes accidentelles générales, agissant elles-mêmes sur la plus grande étendue du territoire, de la même manière que les causes normales, dont elles peuvent ainsi altérer les résultats.

Mais si, au lieu des chiffres appartenant à l'empire entier, on prend ceux d'une région, d'une province, d'un département, d'un arrondissement, à mesure que l'étendue diminue, et avec elle le nombre des faits, on voit disparaître la reproduction régulière des mêmes chiffres dans les observations successives, et, pour la retrouver, il faut avoir recours à des moyennes obtenues par l'addition d'observations, d'autant plus nombreuses, que le nombre des faits appartenant à la contrée observée, est moins considérable. Plus, en effet, une population et un territoire sont bornés, plus les chiffres statistiques subissent l'influence des causes accidentelles et plus ils sont exposés à être altérés par des *intermittences*, qui peuvent induire en erreur, si l'on s'arrête à un nombre trop limité d'observations. Il en résulte qu'on ne peut tirer des conclusions certaines des chiffres appartenant à une fraction du territoire ou de la population, comparés soit avec les chiffres généraux, soit avec ceux qui appartiennent à une autre fraction, que quand ces chiffres sont les moyennes d'observations statistiques très-multipliées.

Il importe encore de remarquer que chaque fraction du territoire est une unité complexe, comme le territoire tout entier lui-même ; que les faits y sont soumis à l'action des mêmes causes générales, et que c'est seulement par une analyse complète qu'on peut mettre en évidence l'influence des causes locales particulières, ou même de certaines causes générales qui peuvent y être plus dominantes que dans d'autres parties de l'empire. Il ne suffit pas qu'un fait domine, même dans un espace restreint, pour être autorisé à lui attribuer la plus grande fréquence ou la rareté relative d'autres faits qui se produisent en même temps. On ne doit rien affirmer tant que le rapport de la cause à l'effet n'est pas clairement établi.

XI.

Nécessité d'un programme des *desiderata* de la science. Rôle du temps dans la statistique. Des hypothèses.

Dans toutes les sciences, la difficulté dans la recherche des causes est proportionnée à la possibilité ou à l'impossibilité d'isoler chacune des parties des phénomènes complexes. Cette difficulté dans les sciences morales, politiques et économiques, croît en raison du nombre et de la diversité des faits qui compliquent les phénomènes de la vie sociale.

L'homme subit l'influence du climat et du sol, de sa conformation physique, de ses besoins réels ou factices, de son éducation, de ses habitudes, de ses croyances, de ses préjugés, de ses passions, de son ignorance ou de ses lumières, du milieu dans lequel il vit, des institutions et des lois, des traditions, des grandes révolutions politiqués, morales ou industrielles, de la paix ou de la guerre, de mille circonstances dont un grand nombre restent cachées. Il est certain que, même lorsque la statistique sera arrivée à son plus haut degré de perfection, il restera des faits dont on ne pourra découvrir directement ni les lois simples ni les causes, et pour lesquels il faudra se contenter de la connaissance de lois plus ou moins composées, sous lesquelles on ne fera qu'entrevoir les causes agissantes, sans pouvoir les isoler et faire la part de chacune. Mais il ne faut pas s'exagérer à l'avance le nombre de ces faits, et regarder dès maintenant comme insolubles toutes les questions que l'on ne peut résoudre dans l'état actuel de la science.

Une science ne s'improvise pas; la statistique est encore dans son enfance. Il ne faut lui demander aujourd'hui que ce qu'elle peut donner, et surtout il faut diriger les recherches de telle sorte qu'elle puisse donner davantage dans l'avenir. On y parviendra principalement en multipliant et en perfectionnant les subdivisions des quantités complexes, de manière à en faciliter l'analyse. Pour atteindre ce but, il serait nécessaire que tous les hommes compétents prissent le soin d'étudier à l'avance toutes les questions de quelqu'importance touchant à la vie sociale, en se plaçant du point de vue des recherches statistiques qui pourraient en faciliter la solution. On arriverait ainsi à dresser un programme complet des *desiderata*, que devrait remplir la statistique proprement dite, dont la fonction est de recueillir les chiffres. Tant que ce programme n'existera pas, la statistique, n'ayant pas un but déterminé, ne recueillera ses documents qu'un peu au hasard, et la philosophie de la statistique ne fera que des progrès insensibles.

C'est là un point important pour l'avenir et les progrès de la science. Il ne faut pas oublier que, dans la statistique comme dans l'astronomie, la succession des années a une valeur à laquelle rien ne peut suppléer. Pour vérifier ses théories, pour surprendre les secrets de la mécanique des cieux, l'astronomie est obligée d'attendre le retour périodique des phénomènes célestes; de même la statistique, pour vérifier les théories des sciences sociales, est obligée d'attendre le retour des faits que peut seule amener la révolution des années. Dans les deux sciences, tout fait incomplétement ou mal observé, au moment où il se produit, est une cause d'erreur ou de retard longtemps irréparable. Dans les procédés analytiques de la statistique, le temps ne sert pas seulement à mesurer la durée; c'est un agent nécessaire à la production des éléments indispensables à l'analyse. Ce n'est qu'à l'aide du temps que l'on peut obtenir les séries d'observations et les moyennes, qui seules peuvent entrer dans les calculs avec une valeur scientifique.

Tant que l'on ne précisera pas à l'avance les subdivisions ou les faits particuliers, dont il importe de former les séries et d'obtenir les moyennes, les documents recueillis resteront incomplets et la statistique ne conduira pas aux résultats qu'elle peut donner. Tôt ou tard il faudra en venir là; mais jusqu'à ce que ce travail préliminaire soit terminé, chaque année qui s'écoule est une année perdue.

Tout programme des *desiderata* de la science, tout système *a priori* de subdivisions, est fondé sur des hypothèses. Mais l'hypothèse, qui est souvent une cause d'erreur lorsqu'on la donne comme une vérité démontrée, devient un moyen puissant de découvrir la vérité lorsqu'on ne lui attribue que la valeur d'un fait à vérifier. Les hypothèses ont rendu d'immenses services aux sciences physiques, qui leur doivent leurs plus grands progrès; elles peuvent aussi contribuer efficacement aux progrès des sciences sociales, à l'aide de la statistique. Après avoir précisé le plus rigoureusement possible, *a priori*, par le raisonnement, les lois et les causes hypothétiques d'un fait social, si l'on en fait l'objet des recherches de la statistique, une série d'observations viendra, avec les années, ou en démontrer l'exactitude, ou mettre sur la voie de la véritable solution, en montrant où est l'erreur. Toute erreur prouvée est un pas vers la vérité. Ce procédé est lent, mais sûr, et il n'en existe pas d'autre.

La statistique n'opère qu'à l'aide du temps, il faut s'y résigner; elle ne doit pas travailler seulement pour le présent, elle doit préparer des matériaux pour l'avenir. Il importe qu'elle ne perde jamais de vue que son but scientifique, son véritable but est la recherche des lois et des causes des faits qui influent sur la vie sociale. Sans ce but, elle n'a plus de raison d'être; elle pourra entasser des chiffres, mais ces chiffres resteront stériles. Il faut que ces recherches se rattachent toujours à une pensée, à une hypothèse, qu'elles devront soit confirmer, soit réfuter au profit d'une pensée, d'une hypothèse nouvelle.

XII.

Les appréciations approximatives substituées à l'analyse sont des causes d'erreur. Application à la classification des départements dans l'ordre d'un fait déterminé.

Dans cet exposé rapide des principes qui dominent la statistique considérée comme un moyen d'application de la méthode expérimentale aux sciences sociales, j'ai dû me borner aux éléments principaux, aux formules générales et à des discussions abstraites. Pour faire connaître complètement les procédés de la statistique, ses règles et ses lois, il faudrait entrer dans de longs détails; et pour être parfaitement compris, il faudrait peut-être sortir des abstractions et éclairer les préceptes par des exemples. Dans cet ordre d'idées, il y aurait à faire un livre qui résumerait la science de la statistique, et mettrait en lumière : ses progrès depuis son origine; les vérités qu'elle a déjà démontrées; les erreurs qui ont été commises en s'écartant de ses règles et de ses principes, et ce que l'on doit attendre d'elle dans l'avenir. Je ne me suis pas proposé de remplir ici ce programme, qui exigerait une érudition spéciale et des loisirs que je n'ai pas. Toutefois, pour atteindre le but auquel j'ai visé en écrivant ce résumé sommaire, il me paraît nécessaire de le compléter par l'examen critique de quelques résultats auxquels peut conduire une application incomplète des règles et des procédés d'analyse. Dans cet examen on verra la pratique confirmer les théories, et se développer une partie des conséquences des principes que je n'ai pu qu'indiquer.

On ne s'est pas encore occupé sérieusement, en France, de rechercher à l'aide des procédés scientifiques de la statistique, les lois et les causes des faits dont se compose la vie sociale. Cependant, par une tendance naturelle à l'intelligence et à la raison humaine, toutes les fois que des documents statistiques ont été publiés on a essayé d'en déduire les conséquences. Mais alors aux procédés scientifiques trop lents, trop laborieux, ou trop peu connus, on a substitué des appréciations approximatives basées sur des hypothèses ou sur de simples aperçus plus ou moins ingénieux, et l'on a ainsi, sous le couvert de la statistique, accrédité un assez grand nombre d'erreurs dont elle n'est pas responsable.

Un des procédés les plus ordinaires consiste à grouper les départements suivant l'ordre croissant ou décroissant des chiffres constatant un certain fait, puis selon que les départements, où le fait constaté par la statistique est le plus fréquent, sont en majorité ou agricoles ou manufacturiers; que la population y est plus ou moins dense; qu'ils sont au nord ou au midi, on en conclut immédiatement que l'agriculture, les manufactures, la situation géographique, ou toute autre circonstance locale dominante, est la cause du fait dont il s'agit. Il peut arriver que la conséquence ainsi obtenue soit vraie; mais le plus souvent elle est erronée. Ici s'applique ce que j'ai dit plus haut relativement aux fractions d'un territoire. Le département est une unité complexe comme l'Empire tout entier. Toute circonstance locale dominante y exerce certainement une influence; mais cette influence n'exclut pas celle des causes générales ordinaires et même celle des causes particulières, plus actives souvent quoique moins apparentes. Les chiffres donnés par chaque département sont en général peu élevés; c'est un motif de plus pour ne pas les attribuer au fait dominant plutôt qu'à tout autre. De ce que deux faits se produisent simultanément au milieu d'un grand nombre d'autres faits inconnus, on ne peut ni légitimement ni logiquement conclure que l'un est la cause de l'autre. Pour un département comme pour un empire, ce n'est que par une analyse complète de toutes les valeurs statistiques complexes, que l'on peut découvrir la véritable cause des faits qui s'y produisent et faire la part de l'influence des circonstances locales dominantes sur la production de ces faits.

XIII.

Premier exemple. — Erreur de M. Morogues sur une des causes présumées des suicides.

Les hommes dont les travaux statistiques ont le plus de valeur, sont tombés dans l'erreur que je viens de signaler. «Dans les dix départements les plus agricoles, dit M. de Morogues, on compte un suicide sur 67,205 habitants seulement et un sui-«cide sur 7,603 habitants dans les départements industriels.» De là, la conclusion forcée que les travaux agricoles éloignent du suicide, qu'on y est porté par les occupations industrielles, et que c'est à la classe industrielle qu'appartient le plus grand nombre des suicidés. Une analyse plus complète lui aurait démontré que ce n'est ni de l'influence de l'agriculture, ni de l'influence de l'industrie que dépend le nombre des suicides. Ce fait résulte avec certitude du tableau suivant, relevé avec soin sur les statistiques officielles des années 1835 à 1854, réunies par groupes de dix années.

ANNÉES.	NOMBRE TOTAL des suicidés.	PROFESSION DES SUICIDÉS.						
		OUVRIERS AGRICOLES.			OUVRIERS MANUFACTURIERS			AUTRES PRO-FESSIONS.
		Hommes.	Femmes.	Total.	Hommes.	Femmes.	Total.	
1835.	2,305	565	165	730	128	33	161	1,414
1836.	2,340	556	157	713	95	19	114	1,513
1837.	2,443	580	172	752	144	40	184	1,507
1838.	2,586	543	183	726	154	45	199	1,661
1839.	2,747	612	209	821	159	37	196	1,730
1840.	2,814	648	190	838	160	55	215	1,761
1841.	3,020	718	181	899	156	42	198	1,923
1842. . . . . . , . .	2,866	629	199	828	152	35	187	1,851
1843.	2,752	710	205	915	167	37	204	1,633
1844.	2,973	704	239	943	165	26	191	1,839
Total de 1835 à 1844.	26,846	6,265	1,900	8,165	1,480	369	1,849	16,832
1845.	3,084	770	224	994	134	24	158	1,932
1846.	3,102	742	239	981	172	15	187	1,934
1847.	3,647	879	250	1,129	208	45	253	2,265
1848.	3,301	816	210	1,026	206	18	224	2,051
1849.	3,583	862	262	1,124	172	32	204	2,255
1850.	3,596	927	236	1,163	178	28	206	2,227
1851.	3,598	871	283	1,154	186	11	197	2,247
1852.	3,674	942	291	1,233	210	28	238	2,203
1853.	3,415	864	287	1,151	183	37	220	2,044
1854.	3,700	875	316	1,191	164	48	212	2,297
Total de 1845 à 1854.	34,700	8,548	2,598	11,146	1,813	286	2,099	21,455

Ici il n'y a aucune erreur possible : le travail qui sert de base aux statistiques officielles est rédigé par les membres du ministère public eux-mêmes. Il n'indique pas seulement le nombre des suicidés, mais aussi pour chacun d'eux son nom, son sexe, sa profession, sa demeure, son âge, etc. ; c'est un résumé exact de l'enquête faite après une mort violente, par l'officier de police judiciaire qui en a constaté la cause.

Il suffit de jeter les yeux sur ce tableau pour reconnaître que la division en départements agricoles et en départements industriels, n'a aucune importance en ce qui concerne les suicides. C'est aux classes de la société qui ne sont ni agricoles ni manufacturières, qu'appartient le plus grand nombre des suicidés. Ce qu'il y a d'erroné dans la distinction faite par M. de Morogues, devient encore plus évident, lorsque l'on cherche le rapport du nombre des suicidés de chaque classe au chiffre de la population ; on a par année :

PREMIÈRE PÉRIODE. — 1835 à 1844.

Classes agricoles . . . . 1 suicide sur 23,147 individus.
Classes manufacturières 1   —   18,920   —
Autres classes réunies 1   —   8,079   —
Toute la population. 1   —   13,409   —

DEUXIÈME PÉRIODE. — 1845 à 1854.

Classes agricoles . . . . 1 suicide sur 16,956 individus.
Classes manufacturières 1   —   16,674   —
Autres classes réunies 1   —   6,339   —
Toute la population 1   —   10,345   —

Comme on le voit : si, dans la période de 1835 à 1844, la proportion des suicides est un peu moins élevée dans la classe agricole que dans la classe manufacturière, cette différence s'efface devant l'énorme proportion des suicides dans les autres classes ; et, même dans cette première période, la proportion des suicides dans la classe manufacturière reste bien éloignée de celle que donne la population entière. Mais il y a plus : dans la seconde période de 1835 à 1854, le nombre des suicides s'est accru d'année en année dans une si rapide proportion pour la classe agricole, que, dans les deux classes, le rapport du nombre des suicides à la population est, en moyenne, devenu à peu près égal, et qu'il serait plus élevé dans la classe agricole que dans la classe manufacturière, si l'on ne prenait que les chiffres des dernières années ; d'où l'on pourrait tirer la conclusion que la vie agricole dispose plus au suicide que la vie industrielle ; ce qui serait précisément l'inverse de la proposition qui paraissait résulter du rapprochement fait par M. de Morogues du nombre des suicides dans les départements agricoles ou industriels.

Les 10 départements où l'on compte le plus de suicides, de 1846 à 1850, sont ceux-ci : Seine, Seine-et-Oise, Seine-Inférieure, Nord, Oise, Aisne, Marne, Pas-de-Calais, Somme. Les départements où l'on en compte le moins, sont : la Lozère, la Corse, les Hautes-Pyrénées, l'Ariége, l'Aveyron, le Cantal, le Gers, les Pyrénées-Orientales, le Lot. Il est évident que dans chacune de ces deux séries, on peut trouver des faits généraux, des circonstances communes, qui expliqueraient bien mieux que l'agriculture ou l'industrie, pourquoi les suicides y sont plus ou moins fréquents. Une analyse complète les indiquerait immédiatement avec certitude.

XIV.

Deuxième exemple.—Erreur dans une appréciation de l'influence présumée de l'agglomération des populations sur la criminalité.—Démonstration de la nécessité de l'emploi des quantités moyennes.

Dans un mémoire sur la moralité comparée des diverses parties de la France, mémoire qui révèle un talent remarquable et qui a été inséré récemment dans le

Journal de la Société de statistique[1], le même procédé a été systématiquement généralisé. L'auteur a dressé plusieurs tableaux des départements en les classant: suivant le rapport du nombre des habitants à l'étendue du territoire; suivant le chiffre de leur population industrielle; suivant le degré de l'instruction populaire; suivant le climat et la race, et il a comparé ces tableaux à un état des départements dans l'ordre du nombre proportionnel des crimes commis en 1857. Puis immédiatement, sans autre analyse, du simple rapprochement des numéros que les mêmes départements occupaient dans les différentes listes, il a tiré des conclusions sur l'influence que la densité de la population, l'industrie, l'instruction populaire, le climat et la race exercent sur la moralité. Non-seulement aucune des déductions ainsi obtenues n'a une valeur scientifique, mais elles sont les unes en partie, les autres entièrement erronées. Pour le démontrer d'une manière complète, il faudrait trop m'écarter de mon but. Je me bornerai aux assertions relatives à l'influence de la densité de la population.

L'auteur les résume ainsi : 1° la forte densité de la population n'est pas une cause exclusive absolue, constante de désordre moral; les contrées les plus peuplées ne sont pas fatalement les plus criminelles; 2° l'agglomération adoucit les mœurs; elle substitue les passions qui attaquent la propriété aux passions qui attaquent les personnes, les attentats à la fortune aux attentats à la vie. Aucune de ces propositions n'est vraie.

L'agglomération des populations est une cause exclusive, absolue, constante de désordre moral. Aucun fait n'est mieux établi et plus incontestable; il est facile de le prouver.

De 1835 à 1854, en vingt années, 85,627 accusés ont été donnés par les communes rurales, dont la population, suivant le recensement de 1846[2], est de 27,776,373 habitants, et 56,296 accusés par les communes urbaines, dont la population est de 7,625,388 habitants. Ainsi en moyenne, par année, on a 1 accusé sur 6,487 habitants des communes rurales, et 1 accusé sur 2,709 habitants des communes urbaines; la proportion est de 139 sur 100 plus élevée dans les villes que dans les campagnes. Si, au lieu de faire ce calcul pour la population entière, on le fait pour une profession déterminée, on arrive à un résultat identique.

Prenons pour exemple les classes agricoles et manufacturières :

Si l'agglomération des populations n'avait aucune influence sur le nombre des crimes commis, toutes les conditions d'existence étant les mêmes pour les individus de chaque profession, quelle que soit leur résidence, le nombre total des accusés de la classe agricole et de la classe manufacturière se répartirait, *nécessairement*, *dans une égale proportion*, entre les ouvriers de ces deux professions qui habitent les villes, et ceux qui habitent les campagnes. Le relevé des statistiques judiciaires, de 1835 à 1854, donne les chiffres suivants :

	ACCUSÉS HABITANT DES COMMUNES		
	rurales.	urbaines.	TOTAL.
Classe agricole	45,034	7,906	53,944
Classe manufacturière	7,907	7,548	15,454
Totaux	52,941	15,454	69,992

1. 1860, p. 61 et suiv.

2. Je n'ai pas pu me servir ici du recensement de 1856, parce que les statistiques criminelles ne considèrent comme *rurales* que les communes au-dessous de 1500 âmes, dont le résumé de ce recensement ne donne pas le chiffre. J'ai pris les chiffres donnés par les comptes rendus de la justice criminelle (1850, tableau LIII, p. 76) pour les villes et communes ayant une population agglomérée de 1500 âmes et au-dessus.

Par conséquent les 18,900,000 habitants, composant la classe agricole, et les 3,500,000 composant la classe manufacturière[1], devraient se répartir ainsi :

| | COMMUNES | | TOTAL. |
	rurales.	urbaines.	
Classe agricole	16,140,600	2,759,400	18,900,000
Classe manufacturière	1,855,000	1,645,000	3,500,000
Totaux	17,995,600	4,404,400	22,400,000

Mais la population des communes urbaines au-dessus de 1,500 âmes ne dépasse pas 7,625,388 habitants[2]. Si le chiffre de 4,404,400 était exact, il en résulterait que, sur 100 habitants des villes, plus de 57 appartiendraient aux classes agricoles ou manufacturières. Cette proportion est évidemment trop élevée. Il est notoire qu'elle n'est pas atteinte même dans les villes les plus manufacturières. Il faut en conclure que le chiffre de la fraction des classes agricoles et manufacturières qui habite les villes, est inférieur au chiffre de 4,404,400, que nous avons obtenu en supposant que les accusés étaient répartis dans une proportion égale entre les villes et les campagnes, et de là se déduit directement la preuve mathématique[3] que : la proportion des accusés des classes agricoles et manufacturières est plus élevée dans les villes que dans les campagnes.

Les bases manquent pour déterminer exactement quelle est cette proportion[4]. Je ferai seulement remarquer qu'en admettant que les ouvriers agricoles et manufacturiers forment les $\frac{33}{100}$ de la population des communes urbaines, ce qui est certainement encore bien au-dessus de la réalité, on aurait, par année, pour ces deux professions, dans les communes rurales, un accusé sur 7,576 individus, et, dans les communes urbaines, un accusé sur 3,291. L'influence du séjour dans les villes se traduirait donc, pour les classes agricoles et manufacturières, par une augmentation de 130 sur 100 dans le nombre des accusés.[5]

1. Les chiffres de la population appartenant à chaque profession, ont été extraits des tableaux du recensement de 1856. J'en donne les éléments dans un ouvrage sur les moyens de moraliser les classes ouvrières, qui sera prochainement publié. C'est à cet ouvrage que j'ai emprunté la plupart des chiffres qui vont suivre.

2. Voir plus haut l'avant-dernière note.

3. Voici la démonstration : Dans l'hypothèse admise que les accusés des classes agricoles et manufacturières sont répartis dans une égale proportion entre les villes et les campagnes, on a l'égalité : $\frac{15.454}{4.404.400} = \frac{52.941}{17.995.600}$. Le dénominateur 4.404.400 étant reconnu trop élevé, si on désigne par a le nombre qu'il faut en retrancher et ajouter à 17.995.600, pour que ces deux chiffres deviennent exacts, l'égalité disparaît et devient l'inégalité $\frac{15.454}{4.404.400 - a} > \frac{52.941}{17.995.600 + a}$. La fraction $\frac{15.454}{4.404.400 - a}$ représente la proportion réelle du nombre des accusés des classes agricoles et manufacturières dans les villes, et la fraction $\frac{52.941}{17.995.600 + a}$ leur proportion réelle dans les campagnes.

4. Il faudrait connaître le chiffre exact de la fraction qui appartient aux classes agricoles et manufacturières dans la population des villes. C'est parce que ce chiffre n'est pas connu, que j'ai été obligé d'employer le mode de démonstration par l'*absurde*. Ce mode, moins saisissant que la démonstration directe, n'est pas moins rigoureux. J'ai réuni les classes agricoles et manufacturières, pour rendre plus sensible l'absurdité résultant de l'exagération du chiffre de leur population dans les villes, qui est la conséquence de l'hypothèse admise; mais j'aurais pu me borner à la classe agricole. En effet, si 2,759,400 personnes de la classe agricole et 1,645,000 de la classe manufacturière habitaient les villes, il en résulterait que les ouvriers agricoles s'y trouveraient en nombre plus considérable que les ouvriers manufacturiers dans la proportion de trois sur deux, et que sur 100 habitants des villes 35, plus du tiers, seraient des ouvriers agricoles. Ces deux proportions ne sont pas moins évidemment exagérées que celle de 57 sur 100 donnée par les deux classes réunies.

5. L'augmentation proportionnelle du nombre de crimes dans les communes urbaines est tellement

Voilà l'influence absolue et réelle de l'agglomération sur la criminalité. Est-il plus vrai maintenant que l'agglomération adoucit les mœurs, et substitue les passions qui attaquent la propriété aux passions qui attaquent la personne, et les attentats à la fortune aux attentats à la vie?

Dans ses termes généraux cette proposition est contraire aux faits, tels que les a présentés et compris l'auteur du mémoire; et si elle est vraie, ce n'est que dans une certaine mesure. En voici la preuve:

En prenant les moyennes de 1835 à 1854, on a pour les accusés de crimes contre les personnes, dans les différentes classes de la population:

Ouvriers agricoles . . . . . . 1 accusé sur 17,780 personnes.
Ouvriers manufacturiers. . . . 1   —   15,602   —
Arts et métiers. 1   —   9,014   —
Autres professions 1   —   15,981   —
Toute la population. 1   —   15,618   —

Ainsi, des trois grandes classes ouvrières, celle qui donne le moins d'accusés de crimes contre les personnes, est la classe agricole, c'est-à-dire celle dont la population est le moins agglomérée. Les ouvriers manufacturiers qui sont habituellement agglomérés, donnent une proportion un peu plus élevée que la moyenne pour toute la population. Les ouvriers des arts et métiers qui, par nécessité de profession, sont le plus souvent en contact avec les différentes fractions de la population, sont ceux qui donnent le plus d'accusés.

Ce résultat peut se présenter sous une autre forme, qui fait mieux ressortir la différence entre la proportion des accusés de chaque profession, et le rapport de la population de la classe dont ils font partie, à la population totale.

	Sur mille accusés de crimes contre les personnes, on a en terme moyen:	Rapport de la population de chaque profession à la population totale.
Ouvriers agricoles	461	526
Ouvriers manufacturiers	97	97
Ouvriers des arts et métiers. . .	194	121
Autres professions.	248	256
	1,000	1,000

Les ouvriers manufacturiers donnent un nombre d'accusés exactement égal au rapport de leur population à la population totale; le nombre des accusés est inférieur à ce rapport de 65 sur 1000, pour les ouvriers agricoles, et, au contraire, il est plus élevé, de 73 sur 1000, pour les ouvriers des arts et métiers.

Nous ne voudrions pas cependant que l'on se hâtât de conclure de là, que l'agglomération est une cause d'augmentation du nombre des crimes contre les personnes. Ce serait peut-être tomber dans une autre erreur; c'est une question à résoudre par une analyse plus approfondie. Si les ouvriers agricoles, sur 1000 accusés de crimes contre les personnes, ne donnent que 461 accusés, ils ne donnent que 321 accusés sur 1000, pour les crimes contre les propriétés. Il y a d'ailleurs certains crimes contre les personnes qui sont principalement commis par la classe agricole. Ainsi, sur 1000 parricides 613, et sur 1000 meurtres 542, sont commis par cette classe. Il serait hors de propos de montrer ici dans quelle mesure la vie agricole vient s'ajouter à d'autres causes pour tantôt diminuer, tantôt augmenter le nombre des crimes contre les personnes. Mon seul but était de prouver que l'on s'expose à

considérable, qu'il est certain qu'elle subsisterait encore même en admettant que la police fût aussi bien faite dans les campagnes que dans les villes.

de graves erreurs lorsque, dans la comparaison des statistiques particulières des départements, on attribue, sans y être autorisé par une analyse suffisante, les différences des chiffres à quelques circonstances dominantes, et je crois l'avoir suffisamment prouvé.

Le plus souvent, il arrive même que ces circonstances ne sont pas nettement définies et qu'on ne se rend pas bien compte de leur valeur; c'est ce qui a eu lieu dans le mémoire que j'ai pris pour exemple.

Les départements les plus peuplés peuvent figurer parmi ceux qui donnent proportionnellement le moins d'accusés, sans qu'on en puisse tirer aucun argument pour ou contre l'influence morale de l'agglomération des populations. Il ne faut pas confondre l'agglomération avec la *densité*. La densité est le rapport entre l'étendue du département et le chiffre de sa population. Elle peut donner un rapport élevé sans que la population soit réellement agglomérée; de même que dans un département où ce rapport est peu élevé, on peut trouver sur certains points une population très-agglomérée. C'est pour avoir méconnu ce fait que l'auteur a cité parmi « les départements *à population éparse, dont les centres industriels sont trop petits* « *pour connaître les bienfaits de civilisation répandus dans les populations denses,* » le département de la Marne [1], dont la population est concentrée sur un petit nombre de points au milieu d'immenses plaines désertes, et où l'on trouve Reims, une des principales villes manufacturières de France, dont la population dépasse 48,000 âmes. [2]

Dans l'intérêt de la science, je dois encore signaler, en passant, dans ce mémoire, une autre cause d'erreur qui aurait vicié les résultats, même si le mode d'analyse adopté eût été exact. Pour dresser le tableau des départements dans l'ordre de la criminalité, au lieu de prendre, pour chaque département, la moyenne d'une série d'années, l'auteur s'est borné aux résultats de la statistique de l'année 1857 seulement. Il en résulte que ce tableau ne donne pas l'ordre réel de la criminalité. En voici la preuve. Sur ce tableau, le département des Pyrénées-Orientales est placé parmi ceux dont la criminalité spécifique présente le chiffre le moins élevé. Or, précisément le département des Pyrénées-Orientales est un des premiers dans l'ordre de la criminalité. Dans un état dressé à l'aide des moyennes données par les statistiques des 25 années écoulées de 1826 à 1850, le département des Pyrénées-Orientales est le troisième [3]; il vient immédiatement après la Seine et la Corse. Pendant ces 25 années, le nombre des accusés a été, en moyenne, dans ce département, de 1 pour 2,732 habitants; si, en 1857, ce rapport est descendu à 1 sur 10,768, cela ne peut être attribué qu'à ces causes accidentelles ou à ces intermittences, dont l'effet altère si fréquemment les résultats statistiques, lorsqu'on s'arrête à un nombre trop limité d'observations. Ces intermittences dans le département des Pyrénées-Orientales sont telles, qu'elles se font sentir même en prenant des moyennes sur 5 années. Voici, d'après les comptes rendus de la justice criminelle, pour l'année 1850 [4], le nombre moyen annuel des accusés jugés pour des crimes dans ce département, de 1826 à 1850, par périodes de 5 années :

1. Journal de la Société de statistique, 1860; p. 68, *in fine.*

2. Le département de la Marne est un des dix-sept dans lesquels domine la population urbaine en France. Voir l'introduction à la Statistique de la France en 1856, p. xiv.

3. Voir le compte rendu de l'administration de la justice criminelle pour l'année 1850; voir aussi dans le mémoire même dont il s'agit ici, à la page 73, l'ordre des départements suivant la moyenne de criminalité spécifique de 1826 à 1850.

4. Tableau G, p. cxii.

```
De 1826 à 1830  . . . . . . . . . . . .  40
De 1831 à 1845  . . . . . . . . . . . .  80
De 1836 à 1840  . . . . . . . . . . . .  75
De 1841 à 1845  . . . . . . . . . . . .  49
De 1846 à 1850  . . . . . . . . . . . .  58
```

Si, au lieu de prendre un nombre moyen par périodes de 5 ans, on prenait les chiffres de chaque année, l'intermittence serait encore bien plus sensible.

Il en est de même dans chaque département avec des proportions diverses. Il en résulte que les chiffres statistiques d'une seule année ne peuvent pas avoir une signification absolue. Les rapprochements faits par l'auteur du mémoire sont très-ingénieux, et ils auraient pu le conduire à la découverte de lois importantes à connaître; mais en s'arrêtant aux chiffres de l'année 1857, il a infirmé à l'avance toutes ses déductions. Ici s'appliquait le principe que nous avons rappelé[1], qu'on ne peut tirer des conclusions certaines de la comparaison des chiffres appartenant à une fraction du territoire ou de la population, soit avec les chiffres généraux, soit avec ceux qui appartiennent à une autre fraction, que quand ces chiffres sont les moyennes de séries d'observations statistiques *très-multipliées*.

XV.

Émigration en Algérie. — Influence exercée par une statistique insuffisante des décès.

On ne saurait trop insister sur le danger de tirer des déductions des chiffres de la statistique, tant qu'ils n'ont pas été décomposés par des analyses suffisantes, qui seules peuvent en faire ressortir la véritable signification. Aux deux exemples que je viens de citer, j'en ajouterai un qui fera encore mieux comprendre ce danger, en prouvant une fois de plus que toute interprétation des résultats statistiques se traduit le plus souvent par des conséquences graves dans l'ordre social, et combien il importe de ne recueillir que des documents complets.

La colonisation de l'Algérie est une des questions sérieuses qui préoccupent les hommes d'État en France. A cette question se rattache étroitement celle de l'émigration européenne. Si, au lieu d'aller vers les États-Unis, le courant de cette émigration se dirigeait vers l'Algérie, en peu d'années la question de la colonisation serait résolue. Pendant quelque temps on a pu croire que ce courant allait s'établir; il s'est bientôt ralenti et presque interrompu. On peut attribuer ce temps d'arrêt à plusieurs causes; mais il est hors de doute qu'une des principales est l'interprétation de la statistique des décès en Algérie, comparée à celle de l'Europe. Cette cause a surtout contribué à détourner de l'Afrique française, les colons allemands[2], que les relations des épouvantables catastrophes et des misères qui ont fait tant de victimes parmi ceux qui les ont précédés en Amérique, n'ont pu cependant jusqu'à ce jour empêcher de continuer à s'y porter par milliers. Une crainte probablement chimérique, propagée par des chiffres mal compris et mal expliqués, a été plus puissante que la réalité.

Des chiffres de la mortalité de la population européenne en Algérie comparés à ceux de la mortalité en France, on a conclu que la race européenne ne pouvait pas s'acclimater dans l'Afrique française. Il n'y a rien dans ces chiffres qui autorise à en

---

1. Voir § X.

2. Pour comprendre le parti qu'on a tiré en Allemagne de la statistique des décès en Algérie, voir *Die Gegenwart*, article Émigration, IIe vol., p. 37. Leipzig, 1855.

tirer cette conclusion. Ce sont des quantités complexes où se trouvent confondus avec les résultats des causes normales, les résultats de causes nombreuses spéciales, physiques, physiologiques et morales, essentiellement accidentelles et transitoires ; les résultats des causes normales peuvent seuls servir à trancher la question de l'acclimatement ; il faudrait avant tout les dégager par l'analyse. Tant que cette analyse n'aura pas été faite, rapprocher les chiffres de la mortalité moyenne en Algérie, des chiffres de la mortalité moyenne en Europe ou en France, c'est comparer des valeurs d'une nature différente. Pour pouvoir accuser le climat de l'Algérie de l'élévation du rapport de la mortalité constatée jusqu'à ce jour par la statistique, il faudrait que toutes les conditions de l'existence moyenne fussent les mêmes dans ces deux contrées, le climat excepté. Il n'en est pas ainsi.

Il ne faut pas se le dissimuler, on ne fonde pas des colonies sans qu'il en coûte. La conquête du sol par la colonisation et surtout par la colonisation agricole, bien que ce soit une conquête éminemment pacifique, coûte aussi cher en hommes, et peut-être plus cher, qu'à main armée. Il n'est pas nécessaire de recourir à l'influence du climat pour expliquer les résultats de la statistique des décès en Algérie ; ce que cette statistique a donné jusqu'à ce jour, c'est le nombre des morts dans la lutte contre les difficultés d'un premier établissement ; c'est la mortalité augmentée par des privations, par des logements insuffisants ou malsains, par les défrichements sur un sol vierge et marécageux, par l'inexpérience, et même trop souvent, par l'imprudence des colons. La transition d'un climat à un autre, le changement des habitudes, rendraient partout nécessaire au moins quelques précautions pour prévenir les maladies et faciliter l'acclimatement. Bien loin de prendre ces précautions, un assez grand nombre des émigrants en Algérie aggravent encore les effets du climat par des excès, auxquels ne résisteraient pas les indigènes. Ces excès sont de notoriété publique ; on serait effrayé, si du nombre des décès, on pouvait distraire ceux des victimes de la débauche et de l'absinthe. Il faut aussi tenir compte des éléments dont se compose la population européenne en Algérie. Parmi les travailleurs qui vont y tenter la fortune, un grand nombre sont des hommes qui n'ont pas trouvé à se classer en Europe ; des hommes dont le tempérament est affaibli par le travail et les privations, quand il ne l'est pas par l'inconduite. Ils ne tardent pas à aller grossir le chiffre des malades dans les hôpitaux et le chiffre des décès. Que l'on cherche, en Europe, dans toutes les contrées où se produit l'un des faits que nous venons d'énumérer, on verra que le chiffre de la mortalité y augmente rapidement.

Si l'on veut étudier sérieusement la question de l'acclimatement en Algérie à l'aide de la statistique, on doit renoncer à se servir des chiffres appartenant à la période de la colonisation incomplète, dont les éléments ne peuvent plus aujourd'hui être dégagés par l'analyse. Pour l'avenir, il faudrait ne plus se contenter de recueillir les chiffres totaux des décès annuels, qui n'apprennent que les pertes faites, sans en indiquer les causes. Il serait nécessaire de dresser des tableaux particuliers pour les émigrants récents et les colons fixés en Algérie depuis plusieurs années ; les colons qui mènent une vie active et ceux qui exercent une profession sédentaire ; les colons qui font des défrichements et ceux qui cultivent les terres depuis longtemps défrichées, etc., etc., en tenant compte de l'âge, du sexe, de la nationalité, de la nature des maladies et des causes accidentelles qui ont pu les produire. Les chiffres acquerraient alors une signification précise et incontestable, qu'ils n'ont pas aujourd'hui, et l'influence réelle de l'acclimatement pourrait s'en déduire avec certitude.

XVI.
Conclusion.

Quelle que soit la question que l'on veuille résoudre à l'aide de la statistique, on est toujours obligé d'en arriver à l'analyse des quantités complexes. Cette analyse est donc un des objets principaux que l'on doit prendre pour but, lorsque l'on recueille des documents statistiques. Toute statistique générale ou spéciale, qui ne contient pas des éléments suffisants pour résoudre les questions économiques, politiques, morales ou philosophiques qui s'y rattachent, est incomplète. Rien ne doit être négligé pour la compléter. C'est seulement lorsque cette nécessité sera bien comprise, que la science de la statistique fera de véritables progrès, et qu'aux chimères et aux utopies, sur lesquelles s'appuient tant de théories dans les sciences sociales, elle pourra substituer des notions exactes et certaines sur les lois et les causes des faits dont se compose la vie des peuples.

Je ne me dissimule pas toutes les difficultés qu'il y a à vaincre, difficultés scientifiques et difficultés matérielles.

Je l'ai déjà dit en commençant : il est presque impossible de formuler, *a priori*, une classification statistique sans lacunes ou sans subdivisions inutiles ; ce n'est qu'à l'aide de l'expérience et du temps, et après avoir étudié à fond toutes les questions économiques, politiques et morales, que la science de la statistique pourra formuler la série complète théorique des documents qu'il lui importe de recueillir. Mais ce n'est pas là un obstacle invincible. Par la force des choses, les classifications statistiques se perfectionneront peu à peu. Chaque année on sent la nécessité d'élargir le cercle de ses investigations ; toutes les questions importantes viendront tour à tour lui demander une solution, et chaque question nouvelle obligera à faire une analyse plus complète des quantités complexes.

Le temps et l'expérience aideront de même à résoudre les difficultés matérielles. Elles seront bien près d'être résolues le jour où le but de la statistique, ses procédés, la certitude des résultats auxquels ils conduisent, seront bien connus. Il faut arriver à ce que chacun sache qu'elle n'a pas seulement pour objet de satisfaire une vaine curiosité, que c'est une science réelle, aussi indispensable à l'économiste, à l'homme d'État, au moraliste et même au philosophe, que les mathématiques à l'astronome. Lorsque cette vérité sera bien entrée dans tous les esprits, tout le mauvais vouloir, toutes les résistances que rencontre la statistique pour recueillir les chiffres, s'évanouiront ; on ne lui marchandera plus les moyens d'investigation ; ils pourront être complétés et perfectionnés, et l'on mettra autant d'empressement à lui faciliter les voies, qu'on est aujourd'hui disposé à multiplier les obstacles pour l'entraver.

On en viendra là dans un avenir peu éloigné peut-être. A mesure que l'on avance, l'utilité de la statistique est mieux comprise. L'heure approche où il sera démontré à tous les hommes intelligents, qu'elle peut seule indiquer avec certitude les besoins généraux des populations ; les causes de leur prospérité et celles de leur malaise ou de leur décadence ; les résultats des institutions et des mesures d'administration générale ; les améliorations à faire, les dangers à éviter ; et que, sans elle, l'homme d'État est comme un navigateur sans boussole au milieu d'une mer remplie d'écueils.

TABLE DES MATIÈRES.

STRASBOURG, IMPRIMERIE DE VEUVE BERGER - LEVRAULT.

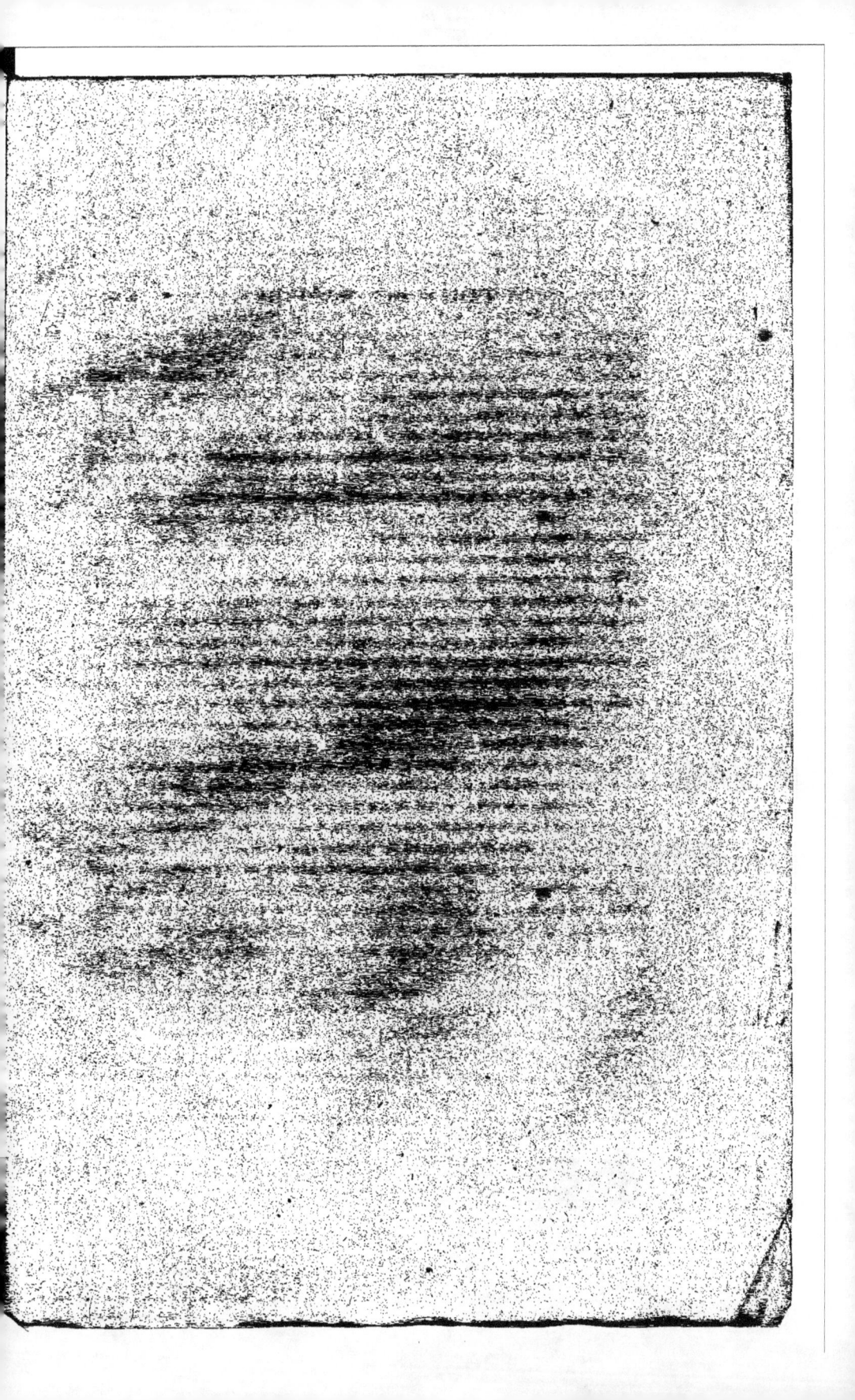